建筑画表现技法
道与技

主编　黄　韵　吕微露
副主编　赵鸣霄　郁　蕾　丰青子

ZHEJIANG UNIVERSITY PRESS
浙江大学出版社

图书在版编目（CIP）数据

建筑画表现技法：道与技 /黄韵，吕微露主编. —
杭州 ：浙江大学出版社，2019.8
ISBN 978-7-308-19441-9

Ⅰ．①建… Ⅱ．①黄… ②吕… Ⅲ．①建筑画—绘画
技法—高等学校—教材 Ⅳ．①TU204

中国版本图书馆CIP数据核字（2019）第180819号

建筑画表现技法：道与技

主 编 黄 韵 吕微露
副主编 赵鸣霄 郁 蕾 丰青子

责任编辑 王元新
责任校对 董凌芳
装帧设计 丰青子
出版发行 浙江大学出版社
（杭州市天目山路148号 邮政编码 310007）
（网址：http://www.zjupress.com）
排 版 杭州林智广告有限公司
印 刷 浙江省邮电印刷股份有限公司
开 本 787mm×1092mm 1/12
印 张 9.67
字 数 107千
版 印 次 2019年8月第1版 2019年8月第1次印刷
书 号 ISBN 978-7-308-19441-9
定 价 58.00元

前　言

美在于自然景观与艺术表现的结合 —— 巴拉干

对于建筑、景观设计而言，手绘设计属于基本技能，手绘设计有助于设计师的设计思考和表达。

正如语言作为思维的工具会影响一个人的思考方式一样，手绘作为设计思考的工具，可以帮助设计师静下心来，进入设计的内容，通过手绘表达空间关系、光影关系、材质肌理以及营造不同的空间意境，所以手绘作为表达意图的工具，评价它的好坏应该看它是否能将设计意图尽量准确地传达出来，达到充分交流的目的。

本教材提出"道技合一"理念，将景观手绘与园林相结合，将人文美育与绘画技法相结合，从不同程度上提升创造力，发展审美潜力，将设计与审美、审美与表现充分应用到设计中，满足各类设计的需求。

本课程的目的在于培养学生具备艺术敏感性、思维灵活性，提高学生的空间想象能力和审美能力，实现以注重研究形式语言与审美表现力为核心，具有较好人文素养的人才的培养。

目　录

第一章 手绘基础训练

子曰："工欲善其事，必先利其器。"

在进行建筑和景观的手绘创作时，技法和工具两者都很重要。

钢笔、针管笔、马克笔、彩铅、色粉、水彩等是手绘的常用工具，通过掌握好这些工具的使用手法，辅以技巧的训练，达到用图交流的目的。

本章将从工具材料介绍、钢笔线条训练、透视训练、体块训练、空间训练、构图训练、色调训练等七个部分进行介绍，通过对钢笔线条的练习，了解透视的基本原理，将体块训练的技巧运用到空间中进行练习。

平时多做些关于透视、直线、曲线的练习，对手绘透视能力、形体把握能力、线条组织能力及黑白灰关系处理能力的提高很有帮助。

一、手绘工具材料介绍

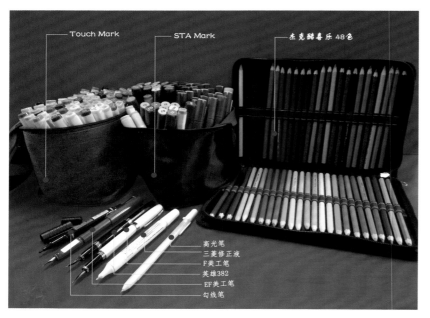

各种绘图工具

当我们绘制线稿时，可以选择不同的笔型来控制线条的质感和粗细。

普通钢笔的线条表现较为刚硬；美工钢笔线条变换灵活，控制难度相对大，但效果也更出彩。

针管笔的不同笔号互相配合可以用来刻画细节。另外，尼龙笔也不失为勾绘线稿的理想工具，且废旧的尼龙笔可以用来表现特殊质感。

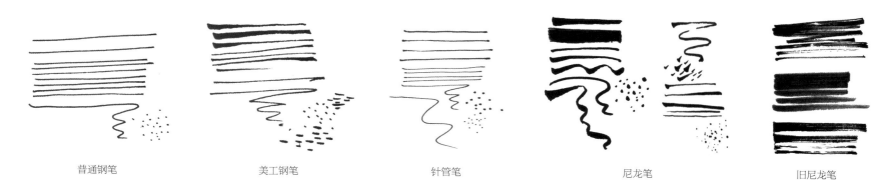

| 普通钢笔 | 美工钢笔 | 针管笔 | 尼龙笔 | 旧尼龙笔 |

钢笔的运用

彩色铅笔

彩色粉笔

马克笔

彩铅、色粉及马克笔的运用

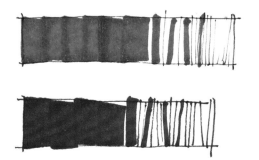

马克笔的颜色有很多，初学者推荐使用性价比较高的国产 Touch 3 练手，后期熟练时可以再使用三福、AD 等高档马克笔。在此，向大家推荐下表中的马克笔颜色。在选择色号时，要尽量避免纯度太高。

马克笔的灰色依据色彩冷暖关系，分为暖灰（WG）和冷灰（CG）两大类，另外，偏蓝色的灰（BG）和偏绿色的灰（GG）也是我们常用的色系。

马克笔与彩色针管笔合用

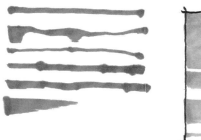

切忌运笔太慢、缺乏节奏、犹豫不决、抖动、用力不均等

单色渐变有透气感，可产生虚实变化

平铺上色，整体感强

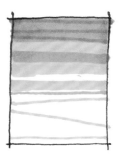
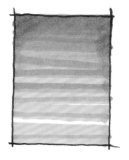

叠加上色能够丰富画面

马克笔的颜色

推荐用于景观表现的 Touch 马克笔色号					
1	9	12	14	24	25
42	43	46	47	48	50
51	55	58	59	62	67
69	70	76	77	83	92
94	95	96	97	98	100
101	103	104	107	120	141
144	146	169	172	185	WG1
WG2	WG3	WG4	WG5	WG7	BG1
BG3	BG5	BG7	CG1	CG2	CG3
CG4	CG5	CG7	CG9	GG3	GG5

二、钢笔线条训练

想要快速提升手绘设计水平，系统地练习并掌握线条的特性是必不可少的。

（1）快直线的方法：手臂带动手腕，纸面与视线尽量保持垂直状态。运笔果断、干脆，起笔、收笔要顿笔，线条首尾清晰。

（2）慢直线的方法：运笔平稳、舒缓，并保持轻微抖动，但不是均匀的，也不是规则的，起笔和收笔要有顿笔的痕迹。

（3）曲线的方法：画曲线时一定要果断有力，不能出现重复描的现象，运线难度高。在练习过程中，熟练灵活地运用笔和手腕之间的力度与速度的变化。

（4）在排线时，可以通过调整线条之间的间距来表达明暗虚实，密集的线条容易使人产生空间深远的感受。同时，不同粗细线条的搭配也有利于丰富画面的层次感。

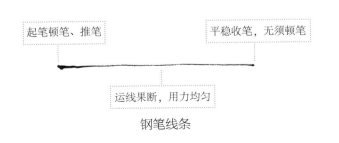

钢笔线条

钢笔的排线

横线可以通过疏密表现上下色调变化

略有斜度的横线增强活泼感

规则排列的短弧线

横竖线合用可以调整色调变化

两组平行的交叉线形成透视网格

横竖斜三组线交叉加深色调

无一定方向的长乱线

无一定方向的短乱线

排布相对规则的短线

两组平行的曲线形成波动网格

连续长乱线

小回转曲线

柔滑的曲线形成类似水纹的特殊纹样

曲线的疏密可以产生空间感

不规则的席纹

三、透视训练

透视讲求近大远小、近实远虚、近明远暗三大原则，是一幅画的骨骼结构。

透视作为设计师不可或缺的技能，可以与线条、色彩一同辅助表达出最直观、纯粹的设计理念，但对于景观手绘的快速表现来说，不能为了表现出过于精准的透视而忽略了手绘最重要的流畅线条和快速表现的感觉。

一点透视又叫平行透视，其特点在于能够更加全面地表达画面，且简单、规整。

两点透视是我们最常选择的透视方法，其特点是符合人看物体的视角。注意两点透视的消失点一定是在同一条视平线上的。

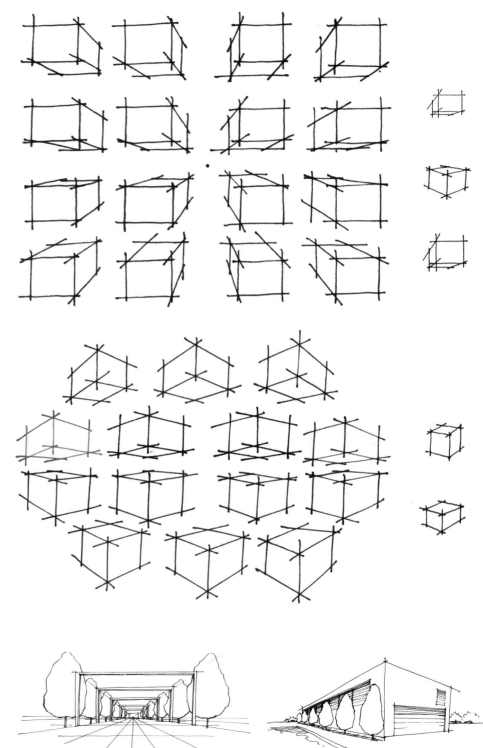

透视练习

四、体块训练

在进行快速手绘创作时，体块训练有助于把握准确的透视关系和塑造明暗体积。

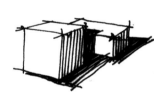

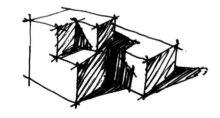
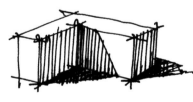

注意：

线条虚实变化与光影关系的表现。

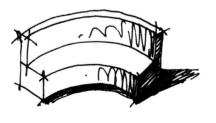
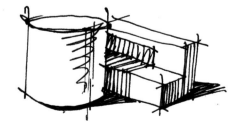

体块练习

五、空间训练

在空间练习中，通过画面的空间关系控制线条的疏密节奏，体会不同的线条对空间氛围的影响。不同的线条组合、方向变化、运笔急缓、力度把握等，都会产生不同的画面效果。

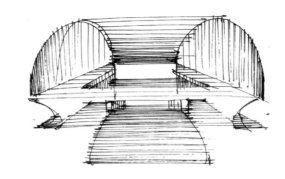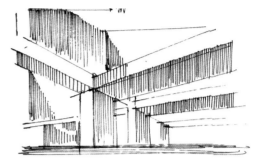

彭一刚园林手绘一（转自《中国古典园林研究》）

彭一刚园林手绘二（转自《中国古典园林研究》）

六、构图训练

　　在构图时，要注意疏密有致，合理分布不同长短、粗细与种类的线条，并尽力将最主要的物件摆放在视觉中心点上，使整幅画面显得灵活，从而避免画面中各个元素分布得过于均质。

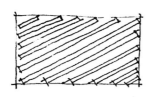
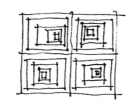

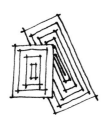
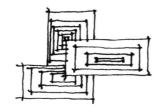

构图练习

七、色调训练

通常情况下，我们以中心画面为主，色彩明度向四周逐级降低。在需要大面积用色的地方，通常选择一个色系中的灰色调来调和画面。尽管同样是灰色系，在视觉中心点，或其他具有点缀性的位置，我们一般选择明度和纯度较高的颜色来处理，从而达到在整个灰色系的大场景中局部明艳的通透效果。

至于整体色彩关系中的冷暖搭配，需要注意受光面偏暖、背光面偏冷的大原则，各人可以根据自己的色彩感觉进行搭配。

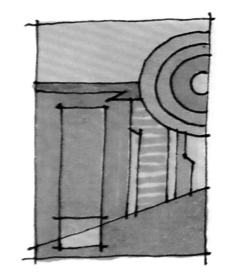

色调练习

这样的练习有以下作用：

1.加强对空间的理解；

2.掌握光影的基本关系；

3.熟练地把握各种线条在空间中的应用。

第二章 手绘表现训练

本章分为单体训练、草图训练、平立剖训练、透视训练、鸟瞰训练五个部分。

单体训练：侧重景物形态关系与细节层次的塑造。

草图训练：通过设计草图来表达设计意图，把一些不确定的抽象思维慢慢地图示化，捕捉灵感及创新意义，一步步实现设计目标。

平立剖训练：用于表现建筑的体量关系、基本形体及建筑与周围环境的关系，注意立面高差与植物的表达。

透视训练：在平面上表现空间视觉关系的绘图技巧。

鸟瞰训练：视点高于景物的透视图，在体现群体特征上具有一般透视图无法比拟的能力。

通过这几个部分的训练，把握对画面的主观控制，达到为设计服务的最终目的。

一、单体训练

（一）植物

　　植物是景观表达中的主要内容。无论树形如何，刻画时都要有体块的概念，即将树冠理解为球体或锥体，通过把握好受光与背光部分来塑造立体感。

　　绘制时，可以从轮廓入手，画出大的动势，再塑造明暗，最后调整整体关系。注意：根据植物种类的不同选择不同的笔法，从而增强画面的生动性。

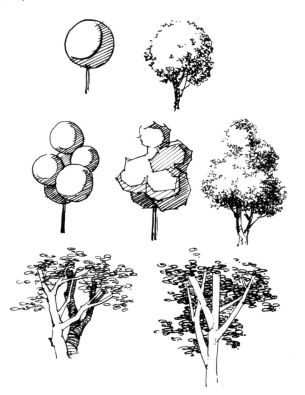

植物的平面画法

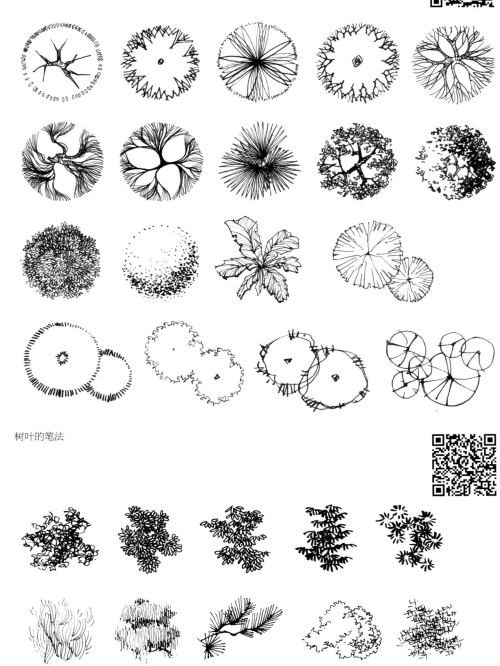

树叶的笔法

不同树种的画法

乔木画法

植物上色

乔木、灌木及地被植物

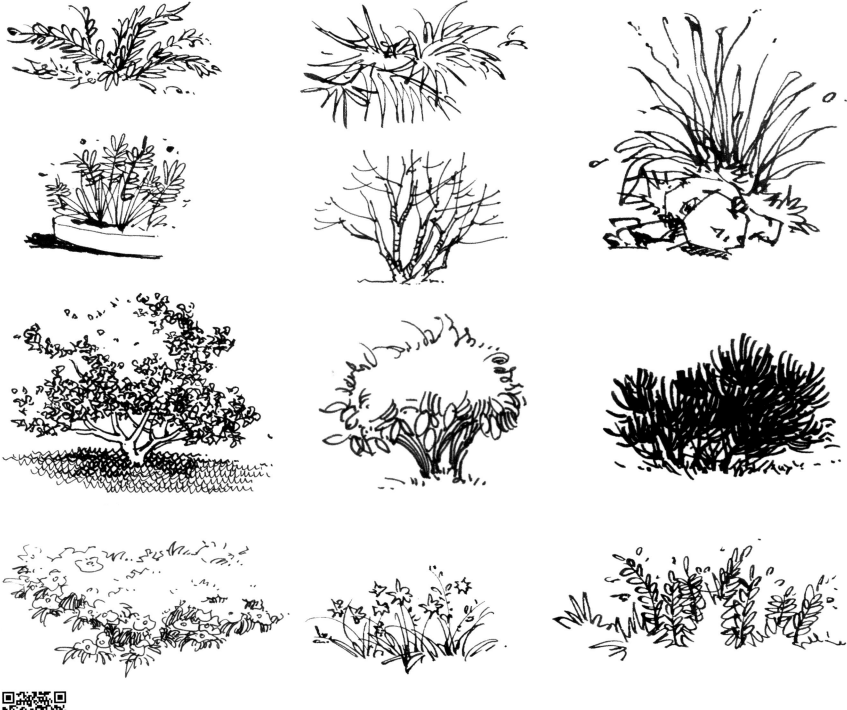

灌木及地被植物

（二）人

人物是景观配景里展现尺度感的重要组成部分。要画好人物，需对人体比例有大致了解，头：上身：下身 =1:4:4，注意头部需要尽量画小。

绘制时要用概括的方法来表现，用笔简洁、线条流畅、形体准确生动。注意把控好人物与周边环境的尺度关系。

人物画法

人物组合

（三）车

绘制车辆时，首先要掌握不同车辆的基本形状与比例，同时准确的透视也是生动表达的关键，后车厢在透视情况下往往显得较短，而车轮也由于透视能够展现出不同的形态。车顶不能画得太大，在非鸟瞰的一般透视图中尽量形成一条直线。在车底略施阴影，增加黑白对比有助于体积感的塑造。

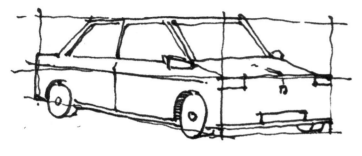

（b）车的顶视图画法

（a）注意车身的上下体量对比

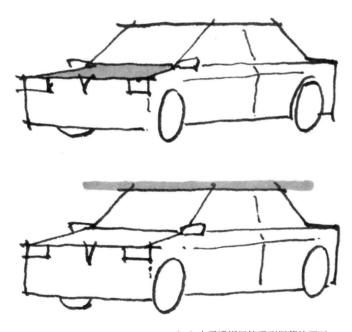

（c）由于透视只能看到很薄的顶面

（d）注意车头与车尾的画法不同

车辆画法

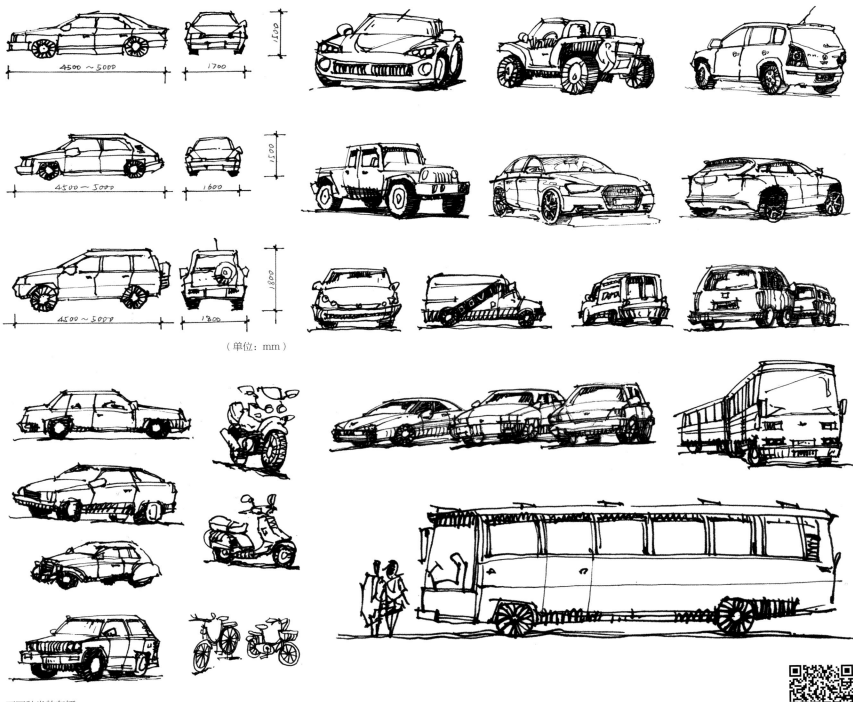

4500~5000 1700

4500~5000 1600

4500~5000 1800

（单位：mm）

不同种类的车辆

车辆上色

（四）水

处理水体时要注意水体的波纹与环境产生的倒影，水体倒影的波动与长度根据水面的平静度而变化。

喷泉要注意表现水流向上的力度与下落的水滴效果。

刻画跌水时，可以利用干净利落的扫线来表达水流下坠的速度感，飞溅的水滴可以增强画面的生动性。

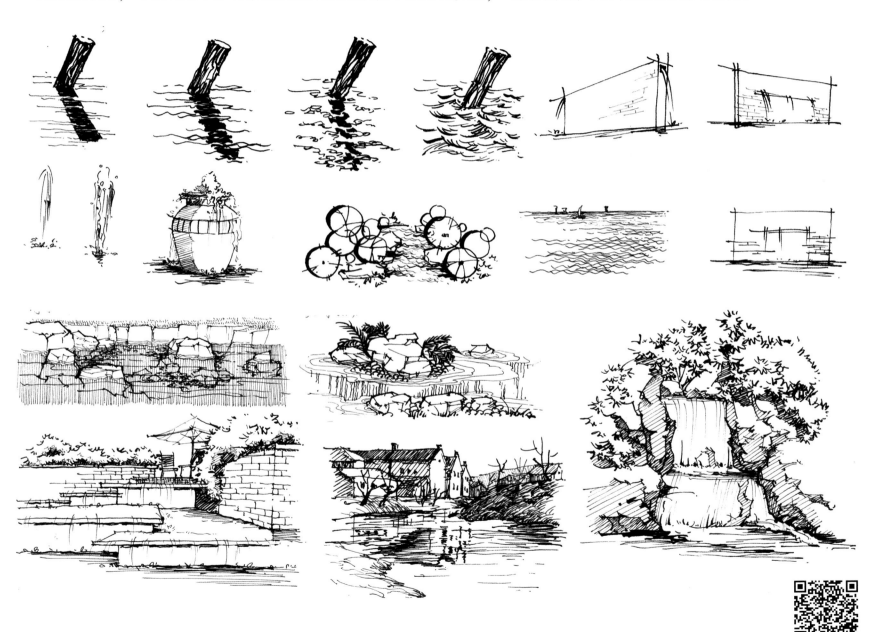

水体画法

水体上色

（五）天空

借助不同的工具，可以表现出不同质感的天空。马克笔绘制的天空相对来说笔触较为硬朗，方便利用正负形勾勒出云彩与天空背景的形状；彩铅与色粉由于其本身质感柔软，不失为更加理想的表现工具。

我们可以利用彩铅排线来表现天空，也可以用美工刀将色粉均匀地削在画纸上，用手指轻轻抹出云朵的形状。

在刻画时，要注意对节奏感的把握及体积感的塑造。

天空画法

（六）石头

处理石头的时候要注意对其体块感、硬度及质感的表达。通过富有力度和节奏感的线条来组织石头的形体结构，运用阴影的黑白对比来塑造石头的体积和虚实关系。

石头画法

石头的精微素描

　　绘制石头时，可以将石头理解成不同大小和不同方向的方体组合，刻画时要注意区分受光面与背光面，从而增强体积感。

　　线条的排布方向可以暗示出石头的纹路走向，石材表面的粗糙质感也可以根据不同方向的短线组合来表现。

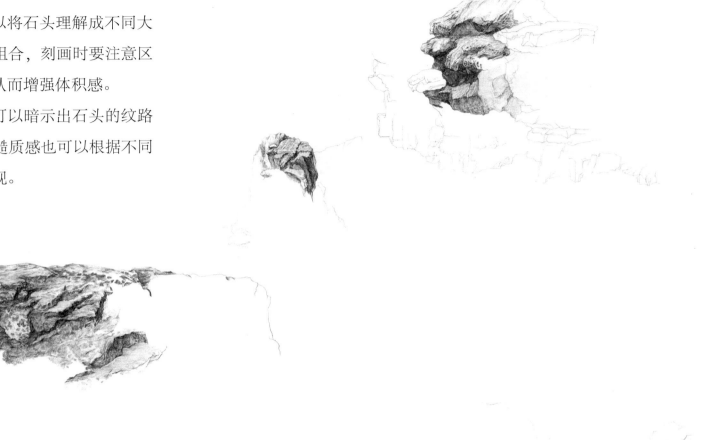

　　线条的浓淡可以表现前后空间和虚实关系，石头经久磨损后局部出现反光质感，可以通过提亮或留白来表现。

　　棱角分明的石头，注意在转折处加深明暗交界线，帮助增强硬朗的感觉。

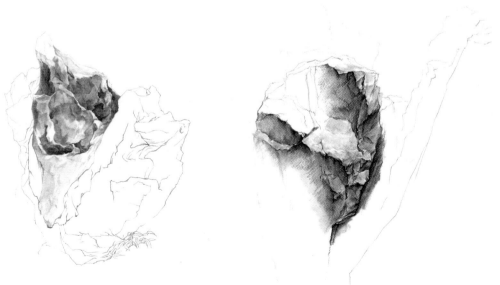

石头精微素描（程犁天，绘）

石材的不同用法和质感也可以尝试用不同技法表现：

方整石扁平，按照传统砌法将竖缝错开。缝隙可以按黑白对比的需要选择用线条或留白表现。

乱石要注意大小石块的搭配，若大小太过相近容易显得单调。灰缝可以根据比例选择双线或单线表达。

卵石圆润，可以用柔滑的笔法勾勒石块轮廓，再将明暗交界线一笔带过来暗示体积。

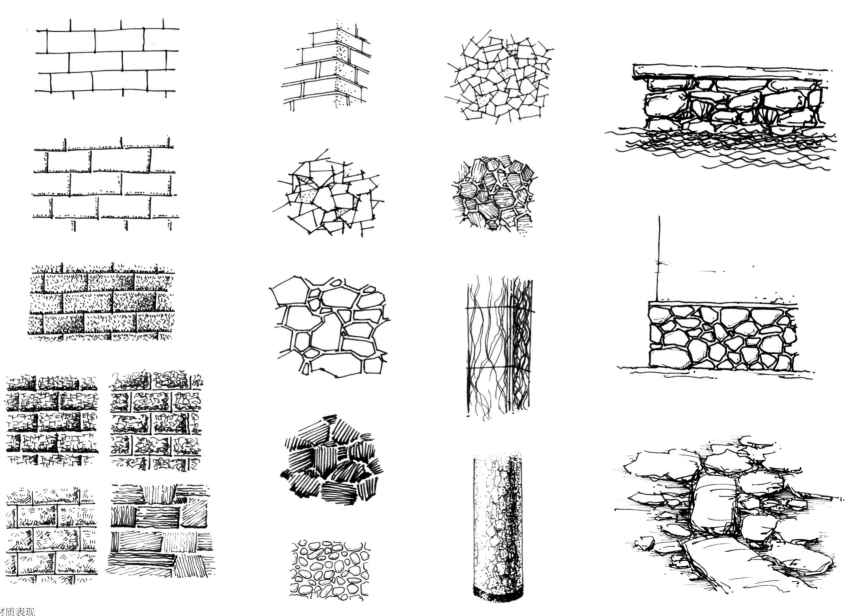

材质表现

（七）屋顶与瓦

通过双线表示瓦的厚度

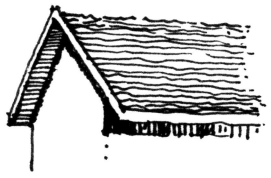

小比例的平面屋瓦可用小波纹线表现

蝴蝶瓦可以在瓦间留白

大比例的瓦可以刻画瓦沟

要注意传统琉璃瓦屋面的高光部分，瓦顶曲折明显

画草顶的线条要基本符合草的长度

屋顶材质表现

（八）木纹与墙面

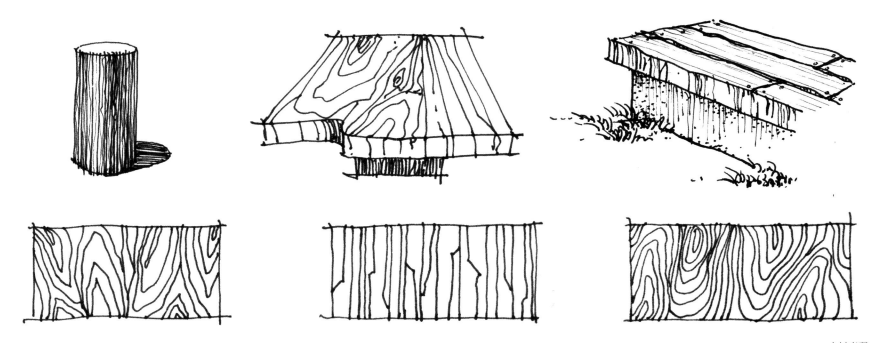

木材表现

　　木纹具有一定的装饰性，纹理要有疏密，同时要注意纹路走向的变化。细腻的木纹要注意用笔与轮廓线区分开，受光面可以清淡描绘，阴影处可以用较重或更密集的线条刻画。

　　砖墙要注意将竖缝错开，可以通过加密线条来表现残破感。

　　混凝土墙面可将十字交叉的伸缩缝画出，并用点来表现混凝土表面的粗糙质感。

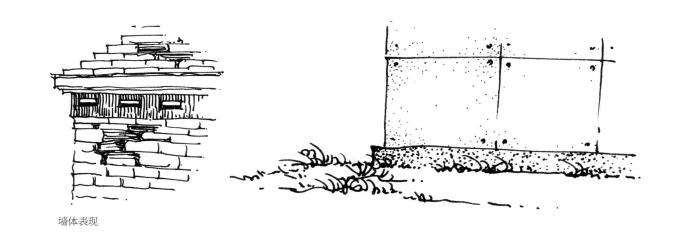

墙体表现

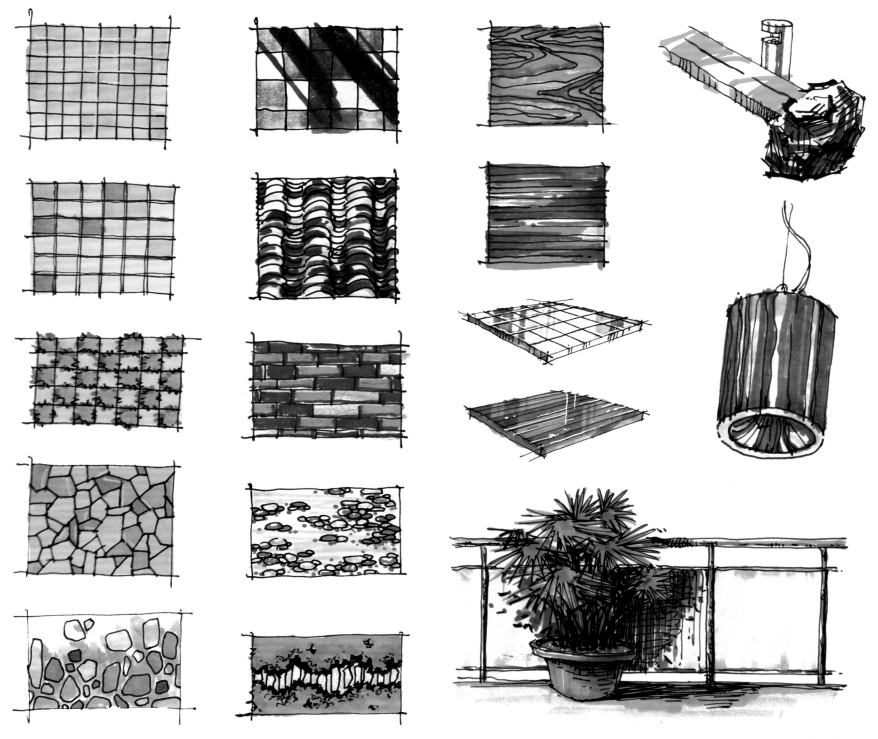

不同材料的色彩表现

二、草 图 训 练

在进行手绘创作时，要注意草图所要强调的方案的重要内容，着重刻画核心部分，即重要的景观场景或节点设计；要合理组织背景，从而烘托出着重设计的部分；通过疏密有致的线条营造黑白灰的画面层次，从而产生丰富的空间感。当纯粹的线稿不能够清楚地表达设计时，可以配合色彩来帮助提升画面。

草图训练

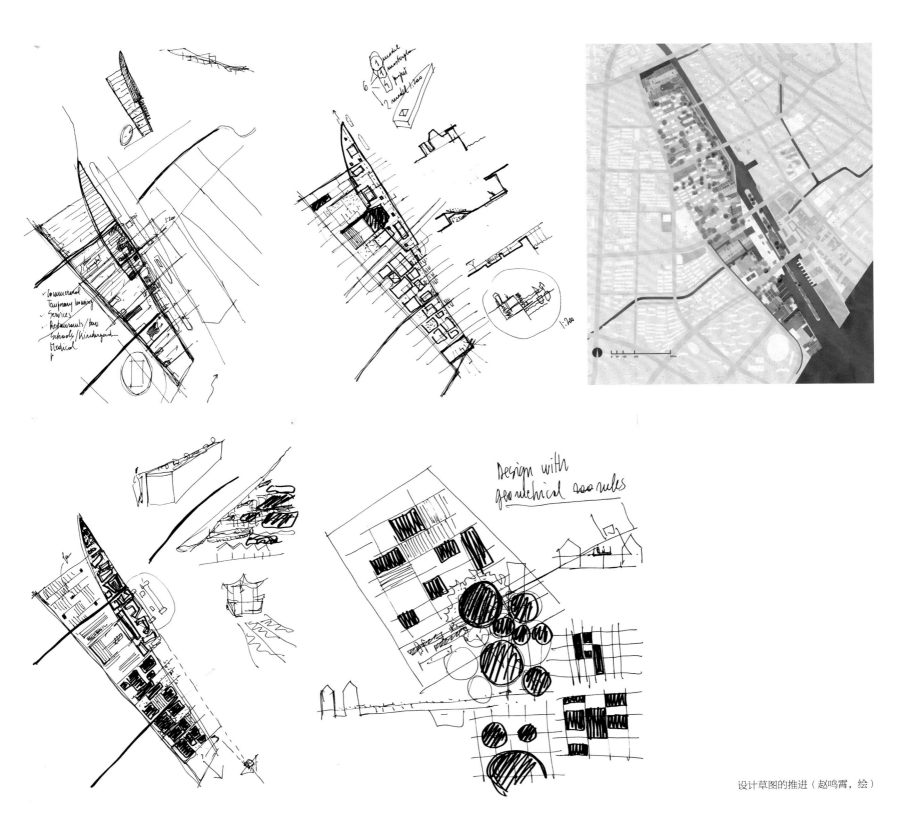

设计草图的推进（赵鸣霄，绘）

阿尔瓦罗·西扎的宝儿新星茶庄设计草图（转自 *Alvaro SIZA Complete Works，1952–2013*）

阿尔瓦罗·西扎的葡萄牙馆设计草图（转自 *Alvaro SIZA Complete Works, 1952-2013*）

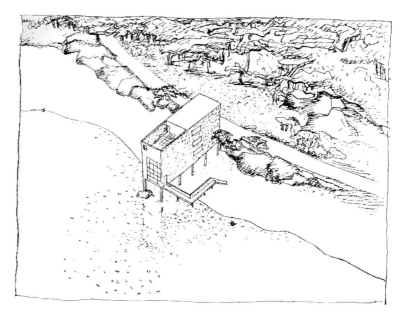

勒·柯布西耶的手绘草图（转自 *LE CORBUSIER ET PIERRE JEANNERET*）

三、平立剖训练

（一）景观平面图

在绘制景观平面图时，要注意区分不同层次物体的线型，从而使得画面更加丰富而有秩序。

为了丰富画面，可以用不同样式的线条表现不同的铺装，但在绘制线条时要注意控制好比例关系。对于不同的材质，可以通过疏密不同的点、线、面来表现。

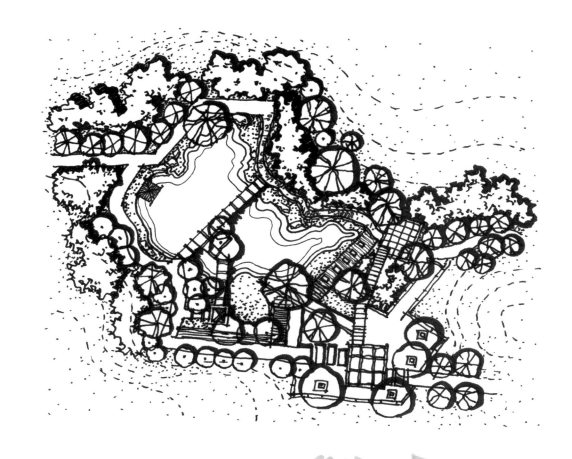

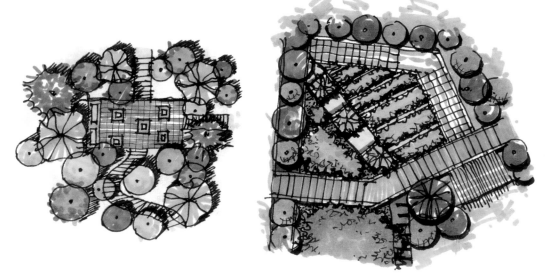

平面表现

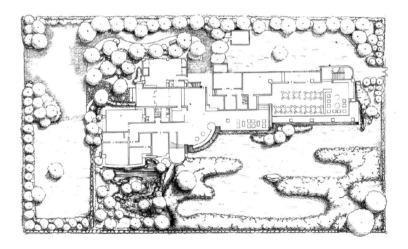

图 2-28 枡野俊明手绘平面图（转自《禅·庭——枡野俊明作品集》）

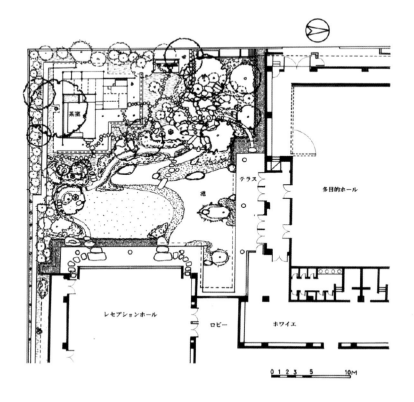

园宅平面表现（赵鸣霄，绘）

枡野俊明手绘平面图（转自《禅·庭——枡野俊明作品集》）

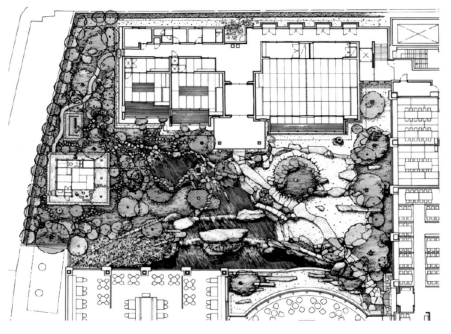

枡野俊明手绘平面图（转自《禅·庭——枡野俊明作品集》）

枡野俊明手绘平面图（转自《禅·庭——枡野俊明作品集》）

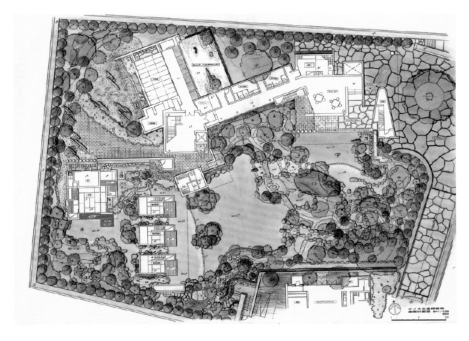

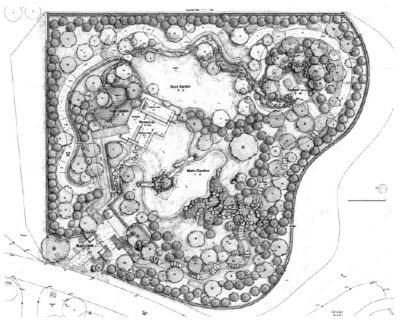

枡野俊明手绘平面图（转自《禅·庭——枡野俊明作品集》）

枡野俊明手绘平面图（转自《禅·庭——枡野俊明作品集》）

（二）景观立面与剖面图

景观剖面图与立面图能够体现场景中的地形变化及竖向设计，切记一定要准确把握空间的比例和尺度关系。

要注意区分不同种类植物的形状、尺度、树冠大小等特征，同时还要根据不同比例要求细化对材料和构造的表现。在绘制景观剖面图时，还要注意对剖线与看线的线型进行区分。

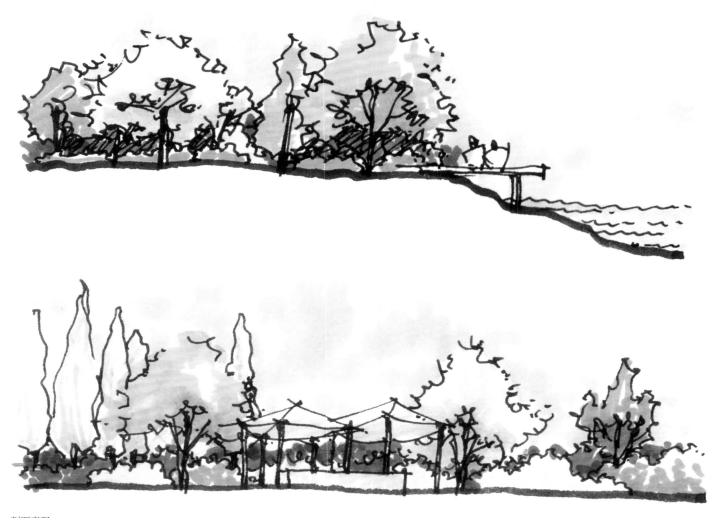

剖面表现

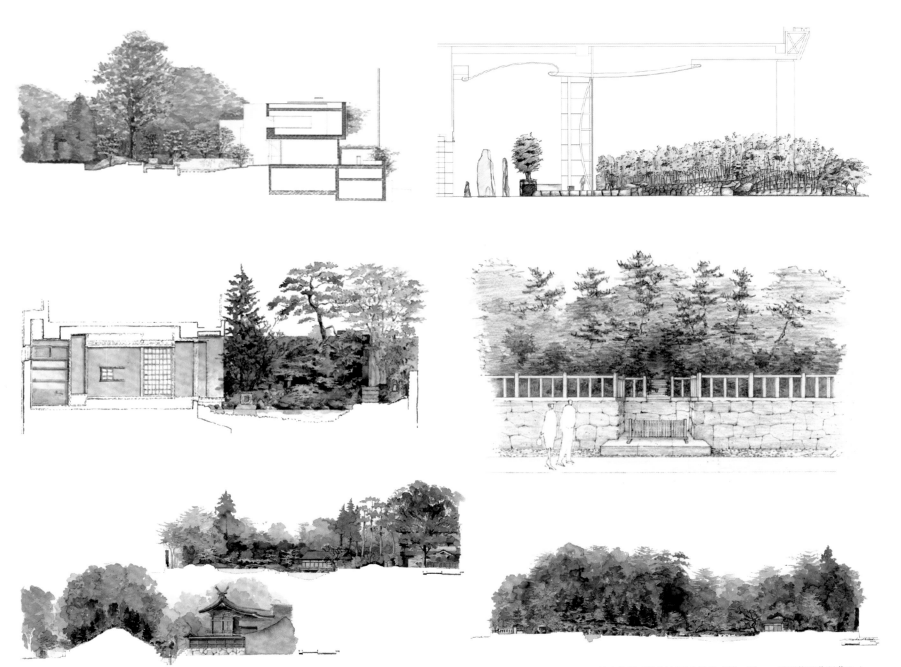

枡野俊明手绘剖立面（转自《禅·庭——枡野俊明作品集》）

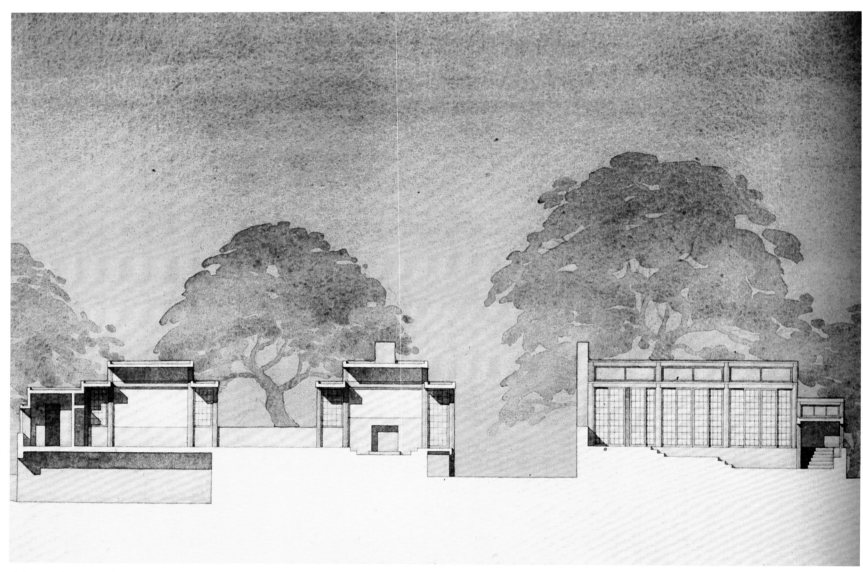

张永和手绘剖立面（转自《建筑创作与表现——非常建筑》）

四、透视训练

在平日的手绘训练时，要多尝试不同几何形体在不同角度、不同空间中形成的透视效果。在准确把握透视的同时，还要培养对形体尺度的控制能力，将场景中不同属性物体的结构、高度、层次变化等差别体现出来。

透视表现图一

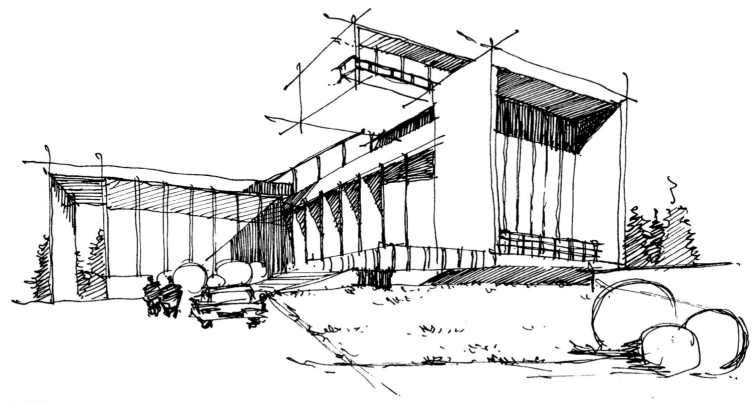

透视表现图二

枡野俊明手绘透视图（转自《禅·庭——枡野俊明作品集》）

（a）甲型住宅透视图

（b）乙型住宅透视图

枡野俊明手绘透视图（转自《禅·庭——枡野俊明作品集》）

张永和手绘透视图（转自《建筑创作与表现——非常建筑》）

五、鸟瞰训练

景观鸟瞰图能够表现大尺度空间关系，切记一定要准确掌握空间的尺度和比例关系。

鸟瞰图的视角大致如下图透视框所示。离视平线 HL 越近的视点越低，适合表现大尺度空间；距离视平线 HL 越远的视点越高，适合表现小尺度空间。

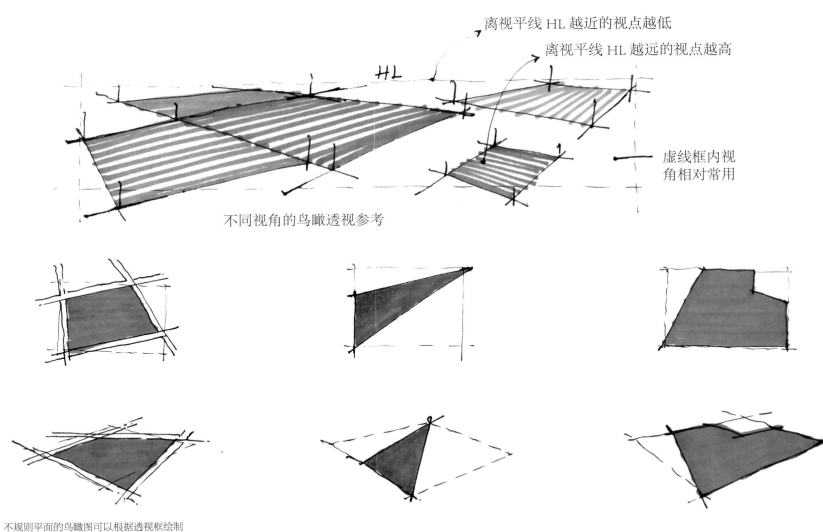

离视平线 HL 越近的视点越低

离视平线 HL 越远的视点越高

HL

虚线框内视角相对常用

不同视角的鸟瞰透视参考

不规则平面的鸟瞰图可以根据透视框绘制

在鸟瞰图中，要注意整体尺度关系的协调，竖直方向的线条要垂直，统一投影的方向。

绘制圆形时，无论哪个视角，都要依据透视，在水平方向上把圆形画扁。

在绘制弧线时，可以将其看作圆形的一段，同圆形一样在水平方向上画扁。

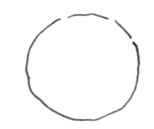

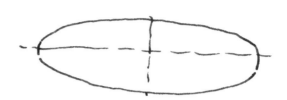

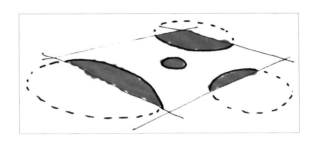

鸟瞰图中圆形的画法

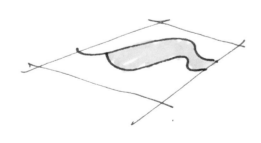

鸟瞰图中弧线的画法

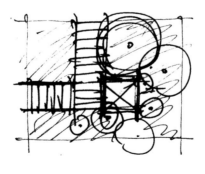

小场景鸟瞰草图

六、作品欣赏

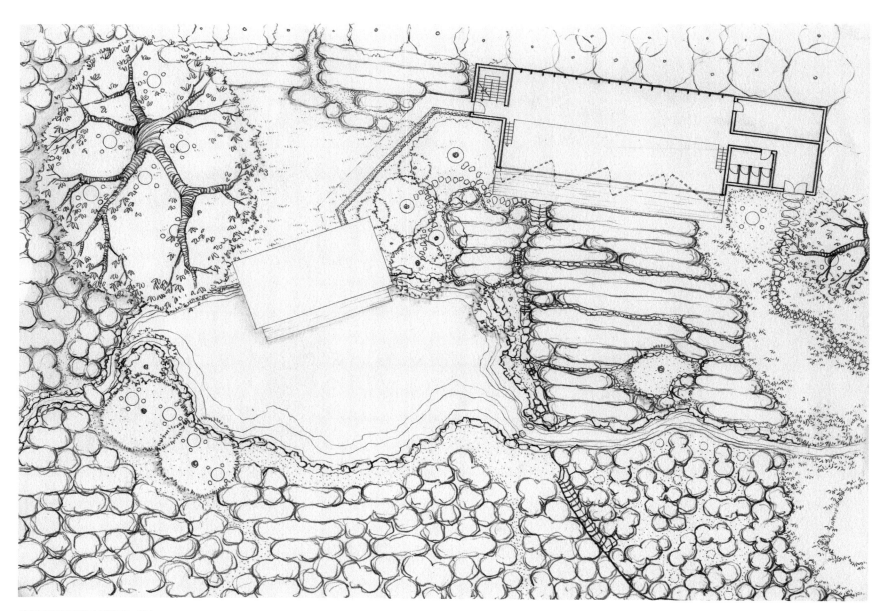

景观平面图线稿（赵鸣霄，绘）

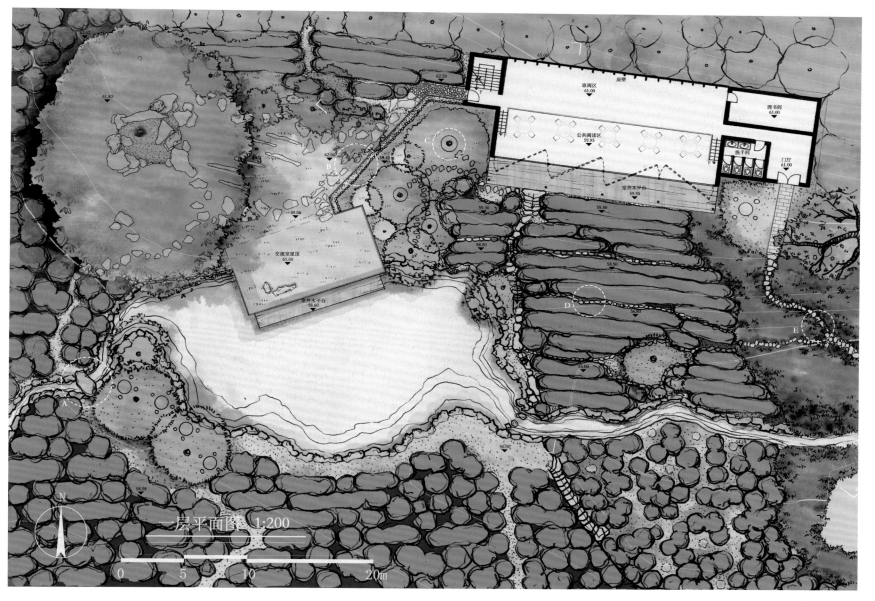

一层平面图 1:200

景观平面图上色（赵鸣霄，绘）

鸟瞰图线稿及色稿（赵鸣霄，绘）

在手绘铅笔线稿完成后，将线稿扫描，提取至 Photoshop 中通过手绘板上色。这样的绘画方式便于及时修改颜色和线稿，相比水彩上色而言，对色调的把握会更好。但过多的电脑操作也容易使画面流失纯手绘的流动感与灵性，利弊共存。

透视表现图（赵鸣霄，绘）

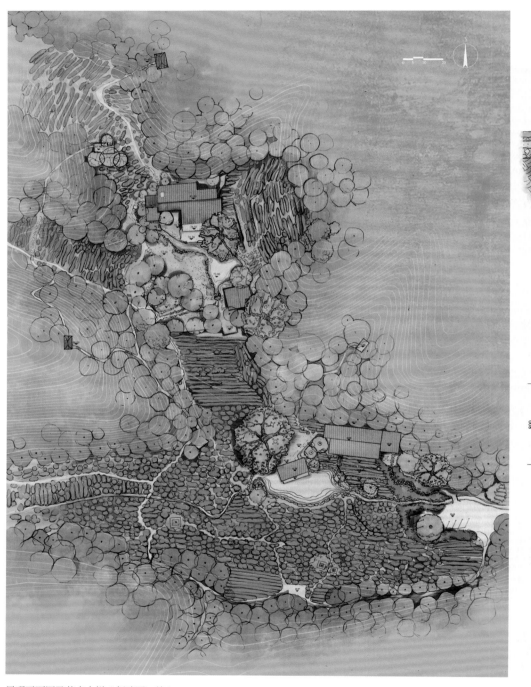

节点A 跨水桥做法剖面图 1:20

节点E 汀步局部平面图 1:20

节点E 汀步局部剖面图 1:20

景观平面图及节点大样（赵鸣霄，绘）

阅读包间

取阅区
61.00

公共阅读区
59.95

61.00

59.95

读书交流室
58.60

景观剖面图1-1 1:200

62.06

59.45 59.30 58.50

56.80

55.00

54.19

景观剖面图2-2 1:200

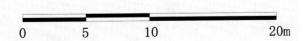

0   5   10   20m

景观剖面图（赵鸣霄，绘）

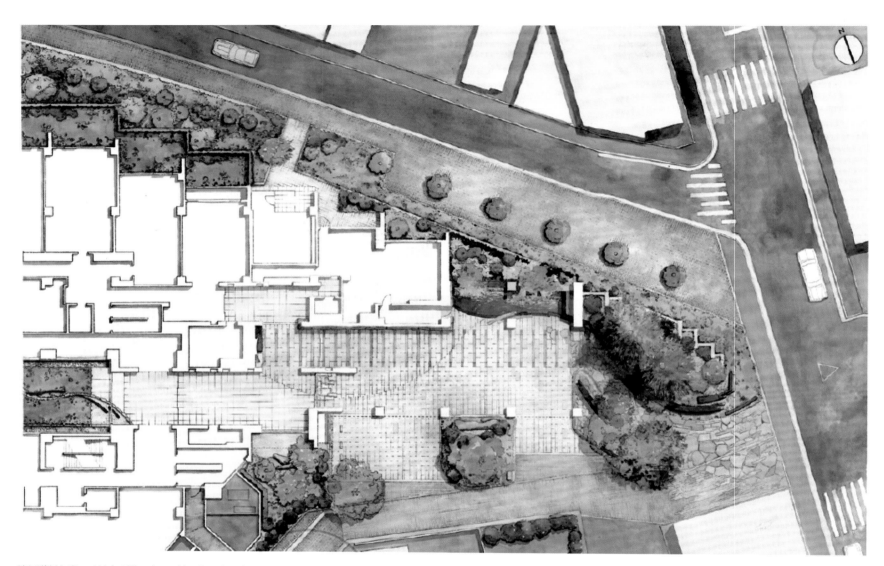

清风道行之庭一（转自《禅·庭——枡野俊明作品集》）

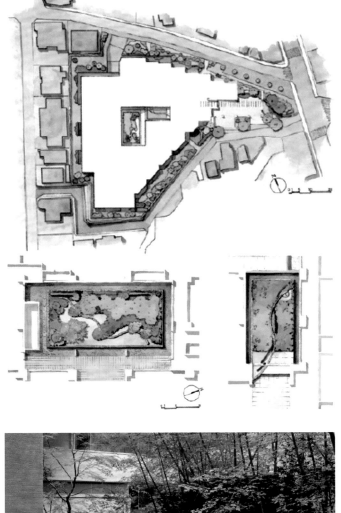

清风道行之庭二（转自《禅·庭——枡野俊明作品集》）

清风道行之庭三（转自《禅·庭——枡野俊明作品集》）

水乡系列一（袁柳军，绘）

水乡系列二（袁柳军，绘）

水乡系列三（袁柳军，绘）

《白马湖》 柳亚子
红树青山白马湖，
雨丝烟樯两模糊
驿亭 绘于戊戌年

驿亭古镇图（吕微露，绘）

《雨沿窗读诸水村至
东浦得两绝》 李慈铭

沿市起东浦，红灯酒
户新。隔村闻犬吠，
不有醉归人。

东浦 绘于戊戌年

东浦古镇图（吕微露，绘）

《蓬丈子》陆游

姚江来潮潮始生，

长亭却趁落潮行。

参差邻舫一时发，

卧听满江柔橹声。

丈子 绘于戊戌年

丈亭古镇图（吕微露，绘）

《径游村晚》韩荒卿
夕阳红堕岭西巅，
江上余霞化碧烟。
衔前 赠于戊戊辛

衙前古镇图（吕微露，绘）

逍遥游（周润亚，绘）

滨海度假村鸟瞰图（袁柳军，绘）

第三章 返本开新

探究童寯先生提出的"造园三境界"——疏密得宜、曲折尽致、眼前有景，学习园林营造的经典手法，归纳总结了随"意"布局、巧于因借、贵在体宜、起伏错落、曲折尽致、对比有章、余意不绝七个手法，将这些手法运用到景观设计中，从相地、造境、理微三个方面，对景观设计的表达进行梳理，达到返本开新的目的。

一、古典园林的造景要素与手法

（一）古典园林的构成要素

在古典园林中，山、水、花木、建筑是几个明显且重要的构成要素。童儁写道，"造园要素：一为花木池鱼；二为屋宇；三为理水叠石。"

花木是自然之属，屋宇为人工之致，而理水叠石既为人工，又属自然，介于两者之间。这其中体现出了古典园林"虽由人做，宛自天开"，天、地、人和谐统一的愿望。

留园中部北面山池全景（转自刘敦桢《苏州古典园林》）

山、水、花木及建筑是中国古典园林中明显且重要的要素

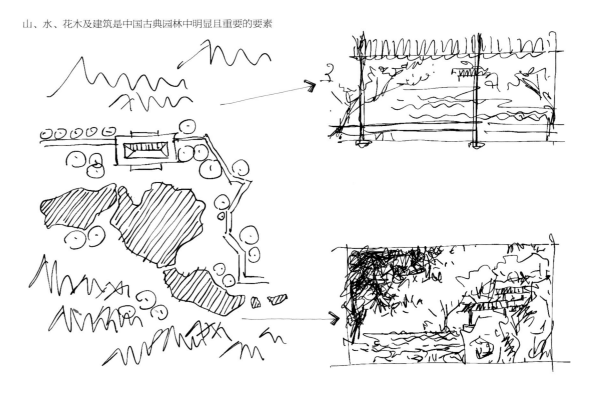

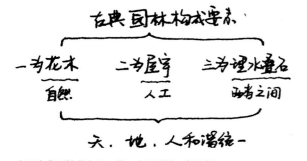

中国古典园林蕴含天、地、人和谐统一的愿望

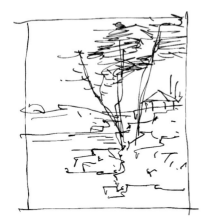

文人画的最大特点在于写意

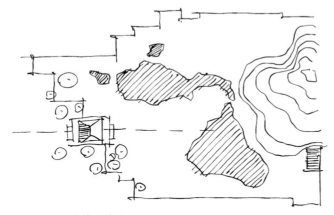

基本元素之间的布局关系

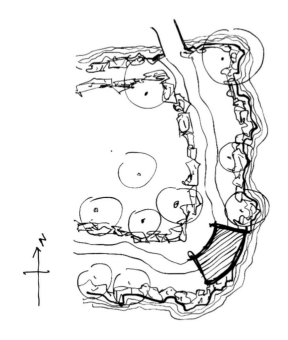

拙政园扇面亭（取自苏轼"与谁同坐？明月、清风、我"）

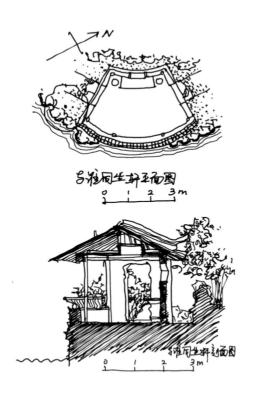

与谁同坐轩平面图

与谁同坐轩立面图

（二）古典园林造景手法

1. 随"意"布局

古典园林与文人画有着密不可分的关联，而文人画的最大特点之一就是"写意"。

谢赫"六法"中的第五法"经营位置"在园林中当属第一，对应为《园冶》篇首的相地、立基。在园林中，"经营位置"与植物、对景关系、视点和视域密切相关，实属协调空间比例、环境气氛、空间布局关系的实践过程。

古典园林中的亭台楼阁往往对景而建，并根据所追求的意境题匾点景。这一方面要求经营建筑位置时充分考虑观景条件、视点视距与视域，另一方面需考虑点景植物的四季变化，追求自然而然。

梧竹幽居亭旁的梧桐与丛竹（转自刘敦桢《苏州古典园林》）

沧浪亭翠玲珑（转自刘敦桢《苏州古典园林》）

留园五峰仙馆南面对景（转自刘敦桢《苏州古典园林》）

拙政园扇面亭与谁同坐轩（转自刘敦桢《苏州古典园林》）

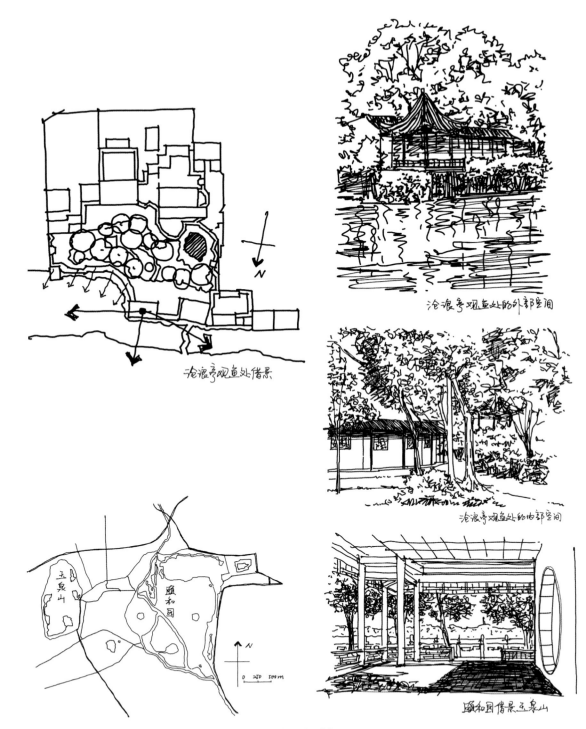

沧浪亭观鱼处借景

沧浪亭观鱼处的外部空间

沧浪亭观鱼处的内部空间

颐和园借景玉泉山

通过把彼一空间的景物引入此一空间，丰富园林的空间层次和"画意"

2. 巧于因借

在古典园林中，内部空间与外部空间相互作用形成统一的整体。通过运用假山、花木和小巧的构筑物等景观要素对空间进行精心的修饰，园林突破了场地的物质边界。通过把彼一空间的景物引入此一空间，使得园内与园外的景色相互渗透，丰富了园林的空间层次和"画意"。

平远、深远、高远的"三远法"同样适用于园林。为了实现更加丰富的景深，借景成为延伸园林空间的主要渠道之一借景可细分为远借、邻借、仰借、俯借、应时而借等，因情况不同而变化万千。

拙政园借景北寺塔（转自刘敦桢《苏州古典园林》）

留园舒啸亭远借西园寺（转自刘敦桢《苏州古典园林》）

拥翠山庄与虎丘塔（转自刘敦桢《苏州古典园林》）

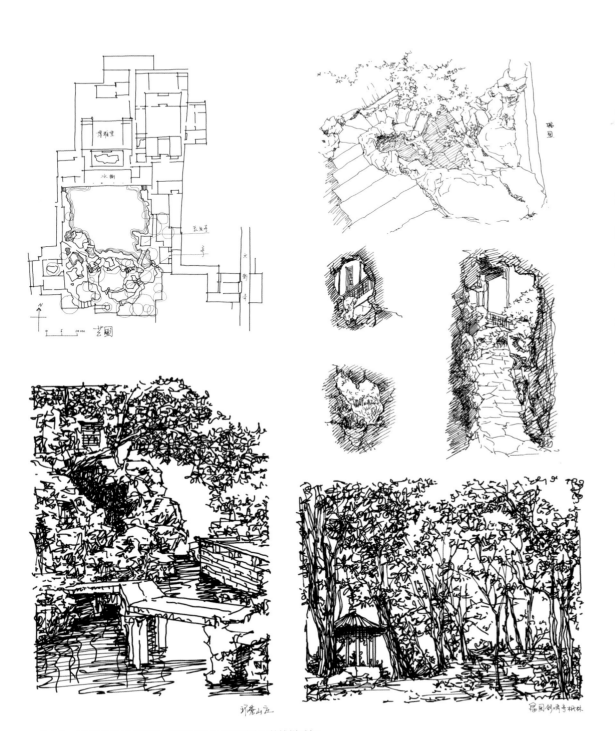

"体宜"不止局限于尺度把控，还包括身体对四时胜景的愉悦感知

3. 贵在体宜

古典园林中的"意"并非对山水画的纯粹模仿，而是像绘画一般将自然山水中的景观意象进行抽象提炼与重组，并建造为新的景观意象。因此，园林中的山石、池水并非自然山林与江河湖海的缩尺拷贝，它们由"天人合一"的思想重构而符合人体尺度。

不过，"梧荫匝地，槐荫当庭"不只是讨论植物在场地中的位置关系，也是说身体的俯仰之间对植物的不同感知；"插柳沿堤，栽梅绕屋"所说的也不只是植物的种类，还暗示着因地制宜的种植为人们带来的舒适感。事实上，"体宜"不只局限于对布局与尺度的把控，还包括身体对四时胜景的愉悦感知。

环秀山庄假山峡谷（转自刘敦桢《苏州古典园林》）

狮子林瀑布（转自刘敦桢《苏州古典园林》）

拙政园见山楼北面

畅园待月亭

4. 起伏错落

在古典园林中，亭台楼阁属人工居所，假山洞穴则为山中仙道所钟爱的天然府洞，园中回廊作为串联两者的媒介与之结合，从而造就了天人合一的山居品相。

计成在《园冶》中写道："多方胜景，咫尺山林。" 园林为实现"可行可望可游可居"的栖居理想，通过掇山叠石、建爬山廊、引水筑池等方式，在咫尺空间中塑造起伏错落的地形，从而表现山林意向。

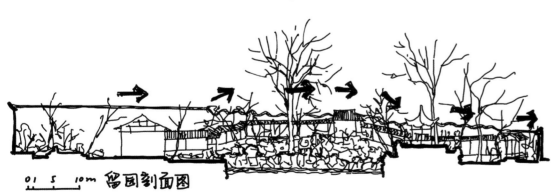

0 1 5 10m 留园剖面图

古典园林通过起伏错落的地形，在咫尺空间中表现山林印象

拙政园西部水廊（转自刘敦桢《苏州古典园林》）

怡园螺髻亭（转自刘敦桢《苏州古典园林》）

沧浪亭看山楼（转自刘敦桢《苏州古典园林》）

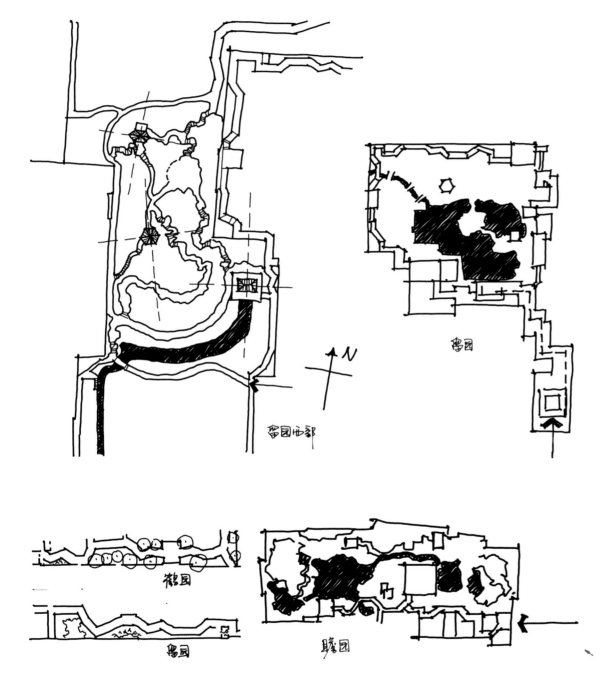

古典园林中的曲折形态

5. 曲折尽致

园林中的曲折变化是中国艺术偏爱含蓄的表达方式。"景贵乎深，不曲不深。"所谓"曲径通幽"便意味着通过合理的暗示为人们留下想象的空间。

在园林设计中，常常通过回廊、折桥等元素曲折尽致地引导游线。曲折的路径并不只是运动路线的形态，更重要的是动态地展示景物，并将游人的视线导向不同的空间，使景物随着行进方向逐步展开。它产生了步移景异的效果，丰富了空间的层次，同时避免了园林在某一固定的地点被人们一览无余。

狮子林曲廊（转自刘敦桢《苏州古典园林》）

沧浪亭庭院曲折园路（转自刘敦桢《苏州古典园林》）

网师园曲廊（转自刘敦桢《苏州古典园林》）

留园曲廊（转自刘敦桢《苏州古典园林》）

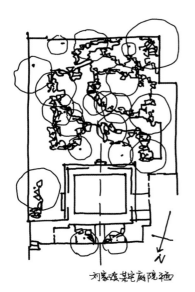

刘家渡某宅庭院植

文徵明·拙政园小飞虹

文徵明·拙政园小沧浪

艺圃

狮子林-隅

调控园林各景观要素之间的对比关系有如调节园林的呼吸

6. 对比有章

园林中蕴含着刚柔相济、形散神聚的美学思想，以及"小中见大"、"以少胜多"、"宁缺毋滥"等艺术观念。这促使园林各景观要素彼此之间、景观要素与人之间形成和谐的交流关系，从而达到自然的平衡。

合理的对比关系有助于这种和谐交流的形成，调控园林各景观要素之间的对比关系有如调节园林的呼吸。水面、植物与建筑、假山之间的合理搭配不仅有益于形成协调、丰富、深远的空间关系，更能通过欲扬先抑、疏密得宜、虚实相间等处理方法表现出自然风景之无规则、不对称的和谐面貌。

拙政园中部水面（转自刘敦桢《苏州古典园林》）

留园一角（转自刘敦桢《苏州古典园林》）

狮子林假山与水面的虚实对比（转自刘敦桢《苏州古典园林》）

藕园假山"邃谷"南口（转自刘敦桢《苏州古典园林》）

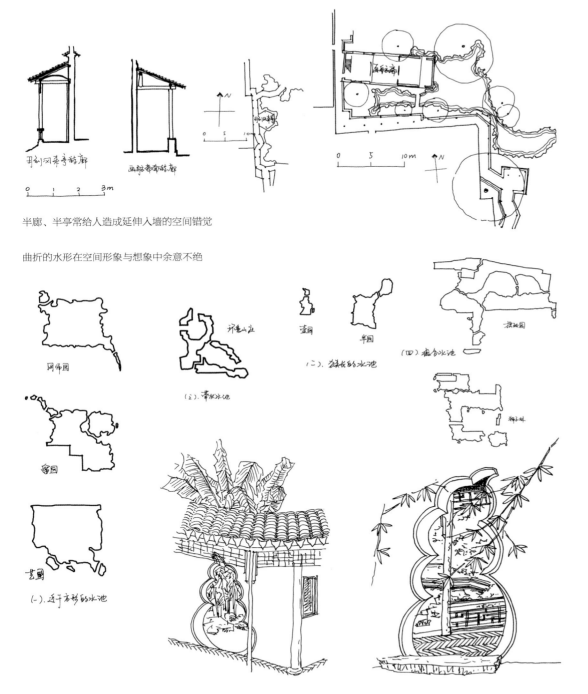

半廊、半亭常给人造成延伸入墙的空间错觉

曲折的水形在空间形象与想象中余意不绝

通过漏窗、空窗、洞门框景，丰富了园林的"意"

7. 余意不绝

若即若离、似断非断是园林中常见的景象，它一方面体现出园林对"画意"的追求，另一方面丰富了园林空间，引发游人对园林的空间想象。

在园林中，经常感性地处理空间分隔，使景物在空间形象与想象意义中延伸。比如平面上阻断了水面的曲桥、水榭，实则架空在水面之上，使水面产生了更加深远的空间感；半亭、半廊给人造成延伸到了墙外的错觉；假山通常在象征意义上代表着海外仙山，曲折的水面往往象征奔腾的江河等。漏窗、空窗、洞门等元素通过框景，同样丰富了园林的空间层次。

与谁同坐轩空窗框景（转自刘敦桢《苏州古典园林》）

拙政园小飞虹（转自刘敦桢《苏州古典园林》）

狮子林有如延入墙中的碑亭与爬山廊（转自刘敦桢《苏州古典园林》）

架空于水面的濯缨水阁（转自刘敦桢《苏州古典园林》）

二、园林印象

园林小景（袁柳军，绘）

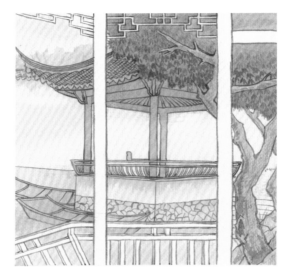

园林印象（曹恒星，绘）

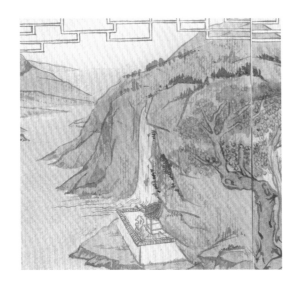

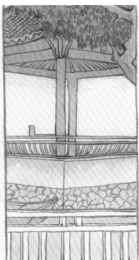

通过流线型的构图和人物游线的置入，画面中不同的山石穿行体验被串联在同一个空间序列中。

炭笔素描与淡彩渲染相结合的方式，使画面中的质感更加丰富。

迴峦记（赵鸣霄，绘）

绘园林速写（赵鸣霄，绘）

绘园林速写（赵鸣霄，绘）

绘园林速写（赵鸣霄，绘）

开敞空间

半开敞空间

封闭空间

地形差异造成的不同空间感

三、景观设计表达

（一）相地

1. 地形

充分利用场地原有地形，如山地、丘陵、平原、盆地等，进行因地制宜的"在场"设计。在地形较缓的情况下合理地进行地形改造，塑造微地形，满足人们亲近自然的心理需求。

在此过程中，通过采用借景、框景、曲折、对比等多种手法，可以引导人们的观景视线，强化开阔感，遮挡不合意境的事物，引发好奇感，塑造出开敞空间与封闭空间，并能通过地形的变化营造前进的序列。

地形变化较小的开敞空间。图为 SWA 事务所设计的刘易斯大道（图片来源：《景观基础设施：SWA 事务所作品分析》（第二版））（左上）

挡墙及高大乔木围合的完全封闭空间（图为方塔园一角，赵鸣霄摄）（左下）

枡野俊明风磨白炼庭，自花园的一角升腾起薄雾，结合抬升的地形营造出一种神秘感（转自《禅·庭—枡野俊明作品集》）（右下）

作为入口的构筑物（转自《EDSA景观手绘图典藏》）

景墙对空间的分隔（转自《EDSA景观手绘图典藏》）

2. 构筑物

景观构筑物为人们提供休憩场所，其主要形式有亭、廊、台、榭等。

景观构筑物能够满足一定的功能需求，如茶室、大门、花架、憩所等。同时它们具有一定的装饰功能，且帮助引导游线、点景，营造丰富的空间。适宜的位置布局可以让景观构筑物起到画龙点睛的作用，反之则会削弱整个景观的效果。

景墙结合水景增强空间灵动性（转自《EDSA景观手绘图典藏》）

亭榭能够为人提供休憩场所（转自《EDSA景观手绘图典藏》）

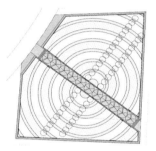

构筑物帮助丰富景观空间（图片来源：《世界园林·第九届中国北京国际园林博览会专辑》）（左上）

彼得·沃克2013年北京园博会作品平面与模型。（图片来源：《世界园林·第九届中国北京国际园林博览会专辑》）（左中）

方塔园一角，茅亭为人们提供休憩场所（赵鸣霄摄）（左下）

景墙对景观空间有分隔作用，其与水景的结合有助于增强空间的灵动性（图为SWA事务所设计的刘易斯大道，转自《景观基础设施：SWA事务所作品分析》（第二版））（右下）

视点、视域与如画的风景
（转自《EDSA 景观手绘图典藏》）

自美秀美术馆望远山
（赵鸣霄，摄）

自然而然的如画风景
（图为京都御苑，赵鸣霄，摄）

（二）造境

1. 如画

"风景如画"实际体现着景观设计的复杂性，它同我们在古典园林造景手法中讲到的一样，绝非对自然的纯粹拷贝，而是对自然意向的抽象、提炼与具有象征意义的重组。

通过合理的景观布局对视点、视距、视域进行控制，而"如画"的设计理念将影响对意境的塑造，其实践的关键在于突破空间的限制、发掘景物的内在关联，并通过有意义的形式、简约的方式表达出含义丰富的空间，从而实现"天人合一"的最终目标。

利用窗户框景，塑造如画意境（彭一刚园林手绘图一，转自《中国古典园林研究》）（左上）

利用门框景，塑造如画意境（彭一刚园林手绘二，转自《中国古典园林研究》）（左下）

墙外的远山与庭院内的条石遥相呼应。图为枡野俊明为阿德雷克高尔夫球俱乐部设计的庭院（转自《禅·庭—枡野俊明作品集》）（右上）

各景观要素形成围合关系突出主景
（转自《EDSA 景观手绘图典藏》）

路径对主要景致的引导
（转自《EDSA 景观手绘图典藏》）

较有仪式感的布局对主景有引导作用
（转自《EDSA 景观手绘图典藏》）

2. 主次

景观要素之间的交流关系将决定空间的生命活力，它能够促使景物与人之间形成和谐与平衡。

在进行景观设计时，各景观要素之间相互配合，如同戏剧表演一般，在保持各角色鲜明个性的同时，共同发展空间的叙事性，历经曲折紧致、高低错落的"情节"，导向故事的高潮。如果设计师能够合理地控制景观场所的呼吸，做到张弛有度、对比有章、主次鲜明，就能使这一空间叙事更加鲜活有力。

合理的空间布局有益于区分主次空间（图为 Duncan Lewis Scape Architecture 事务所合作设计的巨人花园转自《海绵城市》）（左上）

铺装的材质及变化暗示着主次空间（图为寒川神社神苑，转自《禅·庭—枡野俊明作品集》）（左下）

路径引导区分主次景物（图为寒川神社神苑，转自《禅·庭—枡野俊明作品集》）（右下）

虚实得宜的布置使空间和谐均衡
（转自《禅·庭—枡野俊明作品集》）

空旷开敞的空间为人们提供活动场所
（转自《EDSA 景观手绘图典藏》）

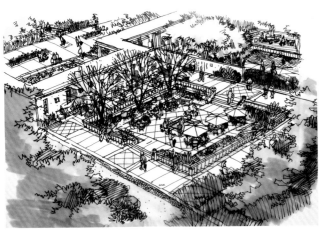

构筑物对空间的分隔形式丰富了虚实变化（转自《EDSA
景观手绘图典藏》）

3. 虚实

"无中生有"的概念将"无"定义为事物发展的动因，它与设计中虚实相间有关，能够帮助丰富空间感、发展空间的叙事性。

虚实相间即在追求丰富空间感的同时，为使用者留出想象的余地。它含有一种留白的意识，既是对空间关系的全局性把控，也是对具体而微的细节梳理。景观设计并不是总要在空间里强加被认为美的事物，而是经过设计师的取舍与巧妙布置，使人对整个景观场所感到和谐、均衡、优雅与含蓄。

开敞的空间帮助丰富了空间层次（图为Tugec Ingénié rie事务所设计的格赛小溪，转自《海绵城市》）（左上）

苏州博物馆虚实相间的空间关系
（赵鸣霄摄）（左下）

平静的水面为人们留出想象空间（图为SWA事务所设计的刘易斯大道，转自《景观基础设施：SWA事务所作品分析》（第二版））（右下）

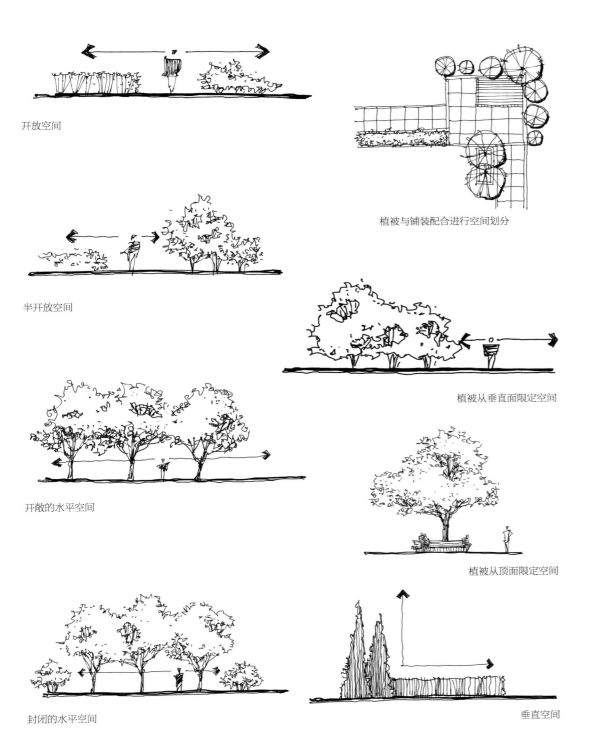

开放空间

半开放空间

开敞的水平空间

封闭的水平空间

植被与铺装配合进行空间划分

植被从垂直面限定空间

植被从顶面限定空间

垂直空间

（三）理微

1.植被

除了丰富视觉体验，植物还具有界定空间、遮景等空间造型功能，以及遮阴、防风、影响雨水汇流等调节气候功能。利用植被，可以丰富场景内的色彩，同时可以将空间界定为开放空间、半开放空间、开敞的水平空间、封闭的水平空间、垂直空间等。

选择植物时，要注意与周围环境的立意相关，进行乔木、灌木、藤木及花卉的合理搭配。注意因地制宜、因时制宜，考虑季向变化，处理好植物与周边建筑、道路的关系。

利用成片的高大乔木形成水平的开敞空间（图为 SWA 事务所设计的刘易斯大道，转自《景观基础设施：SWA 事务所作品分析》（第二版））

利用低矮的地被植物与灌木限定形成开放空间（图为 Prolog Hydrologie 事务所设计的艾夫兰山公园，转自《海绵城市》）

山地民居（袁柳军，绘）

2. 水体

在做景观设计时，根据场地氛围及周边环境，合理地选择自然型水体或规则型水体、动态水或静态水、观赏性水体或互动水体，由此形成湖、池、溪流、瀑布、水墙等不同的水体景观。切忌大面积的静水空洞无物、过于平淡，注意与其他景观元素配合组景。

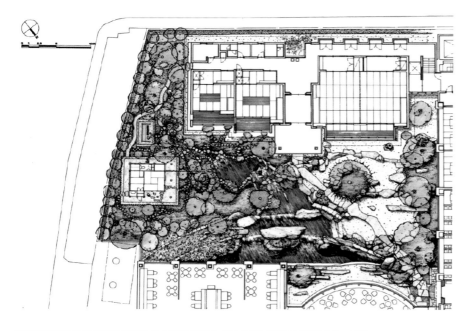

枡野俊明瀑松庭平面图（转自《禅·庭—枡野俊明作品集》）（左上）

跌入较低位置的瀑布与黑松并置，增强了庭园的动感（图片转自《禅·庭—枡野俊明作品集》）（左下）

逐级下降的水面与其他元素共同打造了充满活力的庭园（转自《禅·庭—枡野俊明作品集》）（右下）

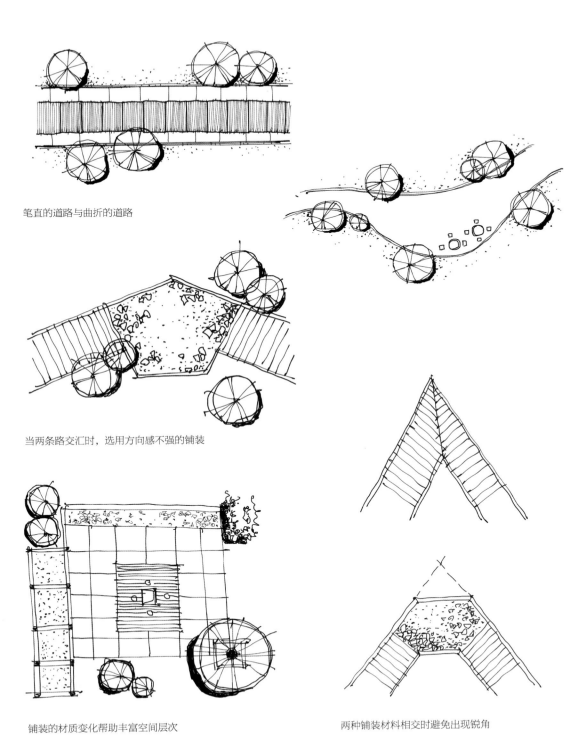

笔直的道路与曲折的道路

当两条路交汇时，选用方向感不强的铺装

铺装的材质变化帮助丰富空间层次

两种铺装材料相交时避免出现锐角

3. 铺装

地面铺装使活动空间更加坚固、耐磨，并能通过布局和图案引导方向，增加场所感。

在进行铺装设计时，要注意质感的搭配，一方面可以增加铺地的层次感，另一方面也能够影响空间使用效果。注意在设计中采用两种以上的铺地材料时尽量不要锐角相交，且两种大面积的铺地相交时宜采用第三种材料进行过渡和衔接。

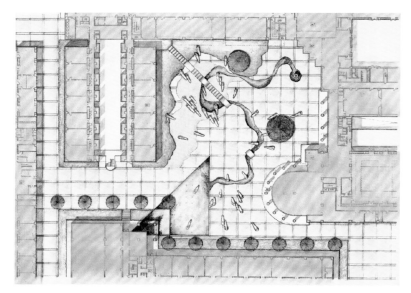

枡野俊明风磨白炼庭平面图（转自《禅·庭—枡野俊明作品集》）（左上）

广场将自然材质与几何铺装结合，体现出金属材料研究所理性与自然科学的相关性（转自《禅·庭—枡野俊明作品集》）（左下）

笔直的矩形脚踏石小道从空间一角延伸至庭园中心，穿过不规则形态的石材与地被（转自《禅·庭—枡野俊明作品集》）（右上）

不规则几何形的石板与铺满砾石的小河交界方式延伸了空间想象（转自《禅·庭—枡野俊明作品集》）（右下）

铺砌着砾石的小河曲折蜿蜒（转自《禅·庭—枡野俊明作品集》）（左上）

临近建筑时地面铺装由不规则的几何转为规则的方形，大块石并列排布（转自《禅·庭—枡野俊明作品集》）（左下）

块石与地面交界处铺设小砾石作为过渡。（转自《禅·庭—枡野俊明作品集》）（右下）

参 考 文 献

[1] 吴家骅 . 景观形态学：景观美学比较研究 [M]. 叶南，译 . 北京：中国建筑工业出版社，1999.

[2] 彭一刚 . 中国古典园林分析 [M]. 北京：中国建筑工业出版社，1986

[3] 刘敦桢 . 苏州古典园林 [M]. 北京：中国建筑工业出版社，2005

[4] 童寯 . 江南园林志 [M]. 北京：中国建筑工业出版社，2019

[5] 赵国斌 . 手绘效果图表现技法 [M]. 福州：福建美术出版社，2006

[6] 上林国际文化有限公司 . ESDA 景观手绘图典藏 [M]. 北京：中国科学技术出版社，2005

[7] 冯炜，李开然 . 景观设计教程 [M]. 杭州：中国美术学院出版社，2004

[8] 枡野俊明 . 禅·庭—枡野俊明作品集 [M]. 戴滢滢，译 . 南京：江苏凤凰科学技术出版社，2015

[9] 苏菲·巴尔波 . 海绵城市 [M]. 夏国祥，译 . 桂林：广西师范大学出版社，2015

[10] 曾颖译 . 景观基础设施：SWA 事务所作品分析 [M].2 版 . 北京：中国建筑工业出版社，2014